画说工伤预防宣传教育丛书

画说工伤预防
（应急与救护篇）

"画说工伤预防宣传教育丛书"编写组

邢 磊　王琛亮　时 文　张 兰　马卫国
佟瑞鹏　杨会芹　高 岱　皮中琴　候林峰

中国劳动社会保障出版社

图书在版编目（CIP）数据

画说工伤预防. 应急与救护篇 / "画说工伤预防宣传教育丛书"编写组编. -- 北京：中国劳动社会保障出版社，2022

（画说工伤预防宣传教育丛书）

ISBN 978-7-5167-5594-5

Ⅰ.①画… Ⅱ.①画… Ⅲ.①工伤事故-救护-普及读物 Ⅳ.①X928.03-64

中国版本图书馆 CIP 数据核字（2022）第 170121 号

中国劳动社会保障出版社出版发行

（北京市惠新东街 1 号 邮政编码：100029）

*

北京市白帆印务有限公司印刷装订　　新华书店经销

787 毫米×1092 毫米　16 开本　7.5 印张　100 千字
2022 年 10 月第 1 版　2022 年 10 月第 1 次印刷

定价：30.00 元

读者服务部电话：（010）64929211/84209101/64921644
营销中心电话：（010）64962347
出版社网址：http://www.class.com.cn

版权专有　　侵权必究

如有印装差错，请与本社联系调换：（010）81211666
我社将与版权执法机关配合，大力打击盗印、销售和使用盗版图书活动，敬请广大读者协助举报，经查实将给予举报者奖励。
举报电话：（010）64954652

前　言

近年来，随着经济社会的快速发展和人们生活水平的提高，人们越来越重视职业安全和健康问题。习近平总书记多次强调，要坚持人民至上、生命至上，把保护人民生命安全摆在首位。由于当前我国经济仍处于高速发展期，工伤事故和职业病频发，严重威胁职工群众生命安全和身体健康。因此，做好工伤预防，从源头上防止工伤事故和职业病的发生，成为保障职工群众生命安全和身体健康的关键。

工伤预防是工伤保险制度的重要组成部分，在强化安全生产、促进经济发展和维护社会稳定等方面发挥着重要的积极作用。为切实做好"十四五"时期工伤预防工作，更好发挥工伤保险积极功能，2021年1月，人力资源社会保障部等八部门联合印发《工伤预防五年行动计划（2021—2025年）》（以下简称《行动计划》），要求以习近平新时代中国特色社会主义思想为指导，坚持以人民为中心的发展思想，完善"预防、康复、补偿"三位一体的制度体系，把工伤预防作为工伤保险优先事项，切实提升工伤预防意识和能力，促进职工群众实现稳定就业，促进经济社会持续健康发展。《行动计划》指出，要从关注关爱职工群众生命安全和职业健康的视角，以职工群众易于接受、感染力强的形式全面加强工伤预防宣传教育，实现从"要我预防"到"我要预防""我会预防"的转变。

为进一步提升职工群众的工伤预防意识，增强事故预防、职业病防治及自救互救技能，中国劳动社会保障出版社组织编写了"画说工伤预防宣传教育丛书"，包含《画说工伤预防（基础知识篇）》《画说工伤预防（职业病防治篇）》《画说工伤预防（个人防护篇）》《画说工伤预防（应急与救护篇）》4个分册。为使丛书内容更易于被职工群众所接受，本套丛书以漫画形式展开，以图释文，力求以直观生动的配图、浅显易懂的语言、新颖活泼的版式讲述工伤预防的政策法规、权利义务，安全生产事故与工伤事故的防范知识与技能，典型事故案例警示教育等。

　　本套丛书内容具体，面向基层，面向大众，注重实用性，紧密联系实际，可作为社会保险行政部门开展工伤保险、工伤预防社会宣传的普及读物，也可供企业开展工伤预防和安全生产教育培训使用。

目 录

第一章 安全生产事故应急管理 1

1. 事故应急管理体系包括哪些方面？ 1
2. 什么是事故应急预案？ 2
3. 应急预案在应急救援中有哪些重要作用？ 3
4. 事故应急预案体系由哪些构成？ 4
5. 如何建立应急救援队伍？ 5
6. 员工应通过应急培训与教育掌握哪些基本技能？ 6
7. 应急演练的类型 7

第二章 现场急救概述 8

8. 事故现场应急救护基本原则是什么？ 8
9. 在事故现场如何进行紧急呼救？ 10
10. 如何进行现场救护？ 11
11. 怎样做口对口（鼻）人工呼吸？ 13
12. 胸外心脏按压法的基本要领是什么？ 15
13. 心肺复苏有效有哪些表现？ 17
14. 常用的现场骨折固定技术有哪些？ 18
15. 现场止血方法有哪些？ 22
16. 急性中毒急救应遵循什么原则？ 25
17. 发生急性中毒时，如何急救？ 26
18. 发生生产性中毒窒息事故如何救护？ 28
19. 发生热烧伤如何救护？ 29
20. 发生眼外伤如何救护？ 31

21. 发生火灾如何避险与逃生？ 32
22. 火灾现场的急救原则是什么？ 36
23. 人身上着火时怎么办？ 37
24. 火灾中被烧伤时如何急救？ 38
25. 发生触电事故如何急救？ 40
26. 发生雷击时，现场如何急救？ 41
27. 淹溺时，现场如何急救？ 42
28. 中暑时如何急救？ 43
29. 冷冻伤时如何急救？ 45
30. 发生高处坠落事故如何救护？ 46
31. 发生坍塌事故时，如何急救？ 47
32. 坍塌事故急救的注意事项有哪些？ 48

第三章 建筑施工企业的意外伤害与应急处置 49

33. 建筑施工企业的常见事故伤害有哪些？ 49
34. 建筑施工企业伤亡事故的主要原因有哪些？ 50
35. 建筑施工企业有哪些常见的高处坠落事故？ 51
36. 施工中有哪些常见的触电意外伤害？ 53
37. 建筑施工企业有哪些常见的物体打击意外伤害？ 54
38. 建筑施工企业发生物体打击事故后如何进行应急救治？ 55
39. 施工机械意外伤害的主要原因有哪些？ 57
40. 施工机械意外伤害后应怎样进行应急处置？ 59
41. 施工坍塌意外伤害的主要原因有哪些？ 60
42. 施工坍塌事故抢救行动应注意哪些事项？ 63

第四章 煤矿企业意外伤害与应急处置 64

43. 发生煤矿事故应如何报告？ 64

44. 煤矿瓦斯的性质和特点有哪些？ 65
45. 防止瓦斯爆炸的主要措施有哪些？ 66
46. 煤矿瓦斯爆炸应怎样进行应急处置？ 67
47. 处置瓦斯爆炸事故有哪些注意事项？ 69
48. 煤矿火灾事故有哪些类型？ 70
49. 发生矿井火灾后如何进行应急处置？ 71
50. 煤矿发生火灾事故后怎样进行现场救护？ 73
51. 煤矿透水事故的主要原因是什么？ 74
52. 发生煤矿透水事故后如何进行应急处置？ 75
53. 煤矿冒顶事故如何分类？怎样预防？ 77
54. 发生冒顶事故后应如何进行应急处置？ 78

第五章　冶金生产意外伤害与救治 80

55. 冶金企业事故有哪些特点？ 80
56. 冶金企业生产中存在的主要职业危害有哪些？ 81
57. 冶金企业发生煤气泄漏应如何处置？ 82
58. 冶金企业发生煤气中毒事故时应如何处置？ 84
59. 冶金企业煤气泄漏引发火灾、爆炸时应如何处置？ 86
60. 冶金企业发生高温液体意外伤害时应如何进行应急处置？ 88
61. 冶金企业发生火灾爆炸意外伤害应如何进行应急处置？ 90

第六章　化工企业意外伤害与应急处置 92

62. 化工企业生产的主要特点有哪些？ 92
63. 扑救危险化学品火灾的一般对策是什么？ 93
64. 发生化学性眼灼伤时，如何急救？ 94
65. 发生化学性皮肤灼伤时，如何急救？ 95

66. 发生酸灼伤时，如何急救？ 96

第七章　机械制造意外伤害与应急处置　97

67. 机械设备的主要危害有哪些？ 97
68. 金属切削加工常见机械伤害有哪些？ 98
69. 操作机械设备发生事故的原因有哪些？ 99
70. 机械加工中的职业病危害因素防护措施有哪些？ 100
71. 机械伤害事故的应急处置与救治措施有哪些？ 103
72. 起重伤害事故发生的原因及应急处置有哪些？ 105

第八章　道路交通意外伤害与应急处置　107

73. 发生道路交通事故，在什么情况之下当事人应当保护现场并立即报警？ 107
74. 道路交通事故报警电话是什么？报警时应描述的内容有什么？ 108
75. 车祸现场的急救措施有哪些？ 109

第一章　安全生产事故应急管理

1. 事故应急管理体系包括哪些方面？

事故应急管理体系包括4个部分。

2. 什么是事故应急预案？

应急预案，是指各级人民政府及其部门、基层组织、企事业单位、社会团体等为依法、迅速、科学、有序应对突发事件，最大程度减少突发事件及其造成的损害而预先制定的工作方案。

3. 应急预案在应急救援中有哪些重要作用？

（1）应急预案确定了应急救援的范围和体系。

（2）制定应急预案有利于做出及时的应急响应，降低事故后果。

（3）应急预案是各类突发事件的应急基础。

（4）应急预案建立了与上级单位和部门应急救援体系的衔接。

（5）应急预案有利于提高风险防范意识。

4. 事故应急预案体系由哪些构成？

事故应急预案体系主要由综合应急预案、专项应急预案和现场处置方案构成。

事故应急预案体系		
综合应急预案	专项应急预案	现场处置方案

5. 如何建立应急救援队伍？

有关企业按规定标准建立企业应急救援队伍，省（区、市）根据需要建立骨干专业救援队伍。

煤矿和非煤矿山、危险化学品单位应当依法建立由专职或兼职人员组成的应急救援队伍。不具备单独建立专业应急救援队伍的小型企业，除建立兼职应急救援队伍外，还应当与邻近建有专业应急救援队伍的企业签订救援协议，或者联合建立专业应急救援队伍。应急救援队伍在发生事故时要及时组织开展抢险救援，平时开展或协助开展风险隐患排查工作。

6. 员工应通过应急培训与教育掌握哪些基本技能？

员工在应急救援行动中是被救援的主要对象，因此，员工应当掌握一定的应急知识，以便在应急行动中更好地配合应急救援人员开展应急救援工作。在应急培训中，员工要学习相关的自救、互救等生存技能，以及应急救援过程中的沟通技能和团队精神。通常应掌握以下内容：每个人在应急预案中的角色和所承担的责任；如何获得有关危险和保护行为的信息；紧急事件发生时，如何进行通报、警告和信息交流；在紧急事件中寻找家人的方法；面对紧急事件的响应程序；疏散、避难并告之事实情况的程序；寻找、使用公用应急设备。

7. 应急演练的类型

按应急演练组织形式的不同，可分为桌面演练和现场演练两类。

按应急演练内容的不同，可以分为单项演练和综合演练两类。

第二章 现场急救概述

8. 事故现场应急救护基本原则是什么?

（1）遇到伤害事故发生时，不要惊慌失措，要保持镇静，并设法维持好现场的秩序。

（2）在周围环境不危及生命的条件下，一般不要随便搬动伤员。

（3）暂不要给伤员喝饮料和进食。

（4）如发生意外而现场无人时，应向周围大声呼救，请求来人帮助或设法联系有关部门，不要单独留下伤员而无人照管。

（5）遇到严重事故、灾害或中毒时，除急救呼叫外，还应立即向当地政府应急管理部门及卫生、防疫、公安等有关部门报告，报告事发地点、伤员数量、伤情、做过的处理等。

（6）伤员较多时，应根据伤情对伤员分类抢救，处理的原则是先重后轻、先急后缓、先近后远。

（7）对呼吸困难、窒息和心跳停止的伤员，立即将伤员头部置于后仰位，托起下颌，使其呼吸道畅通，同时施行人工呼吸、胸外心脏按压等心肺复苏术，原地抢救。

（8）对伤情稳定、估计在转运途中不会加重伤情的伤员，应迅速组织人力，利用各种交通工具分别转运到附近的医疗机构急救。

（9）现场抢救的一切行动必须服从有关领导的统一指挥，加强协调配合。

9. 在事故现场如何进行紧急呼救？

拨打"120"急救电话，应简要清楚地说明以下几点：

（1）报告人的电话号码与姓名，伤员姓名、性别、年龄和联系电话。

（2）伤员所在的确切地点，尽可能指出附近街道的交汇处或其他显著标志。

（3）伤员目前最危重的情况，如昏倒、呼吸困难、大出血等。

（4）发生灾害事故、突发事件时，说明伤害性质、严重程度、伤员的人数。

（5）现场所采取的救护措施。注意，不要先放下话筒，要等救护医疗服务系统（EMS）调度人员先挂断电话。

10. 如何进行现场救护？

所有救护人员应牢记现场抢救垂危伤员的首要目的是"救命"。为此，实施现场救护的基本步骤可以概括如下：

（1）采取正确的救护体位

对于意识不清者，取仰卧位或侧卧位，便于复苏操作及评估复苏效果，在可能的情况下，翻转为仰卧位（心肺复苏体位）时应放在坚硬的平面上，救护人员需要在检查后，进行心肺复苏。

注意不要随意移动伤员，以免造成伤害。有颈部外伤者在翻身时，为防止颈椎再次损伤，应保持伤员头、颈部与身体同一轴线翻转，做好头、颈部的固定。

（2）打开气道

用最短的时间，将伤员衣领口、领带、围巾等解开，戴上手套迅速清除伤员口鼻内的污泥、痰液、呕吐物等异物，以利于呼吸道畅通，再将气道打开。

(3）人工呼吸

人工呼吸。救护人员经检查后，判断伤员呼吸停止，应在现场立即给予口对口（口对鼻、口对口鼻）、口对呼吸面罩等人工呼吸救护措施。

（4）胸外按压

救护人员判断伤员已无脉搏搏动，或在危急中不能判明心跳是否停止，脉搏也摸不清时，不要反复检查耽误时间，要在现场立即进行胸外心脏按压操作。

（5）紧急止血

救护人员要检查伤员有无严重出血的伤口，如有出血，要立即采取止血救护措施，避免因大量出血造成休克而死亡。

（6）局部检查

对于同一伤员，首先应处理危及生命的全身症状，再处理局部症状。要在全身各部位检查出血情况、骨折情况、渗血、脏器脱出和皮肤感觉丧失等。

人工呼吸

胸外按压

紧急止血

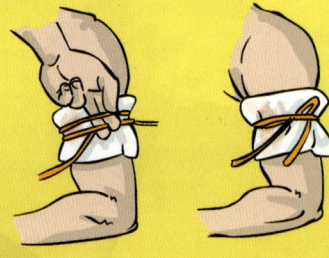

局部检查

11. 怎样做口对口（鼻）人工呼吸？

（1）使处于昏迷、失去知觉或假死状态的伤员处于仰卧位，迅速解开其围巾、领口、紧身衣扣并放松腰带，颈部下方可以适当垫起以利呼吸畅通，切不可在头部下方垫物。同时，还应再一次检查伤员是否已停止呼吸。

（2）把伤员的头侧向一边，清除口腔中的异物。如舌根下陷，应将其拉出，使呼吸道畅通。如果伤员牙关紧闭，可用小木片、小金属片等坚硬物品从其嘴角插入牙缝，慢慢撬开嘴巴。

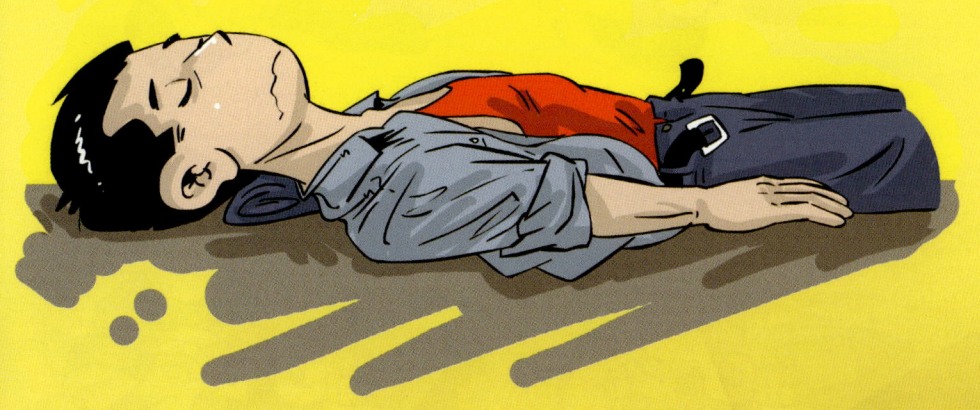

（3）使伤员的头部尽量后仰，鼻孔朝天，下颌尖部与前胸部大体保持在一条水平线上，如图a所示。这样，舌根部就不会阻塞气道。

（4）救护人员蹲跪在伤员头部的左侧或右侧，一只手捏紧伤员的鼻孔，用另一只手的拇指和食指掰开嘴巴，如图b所示。如掰不开嘴巴，可用口对鼻人工呼吸法，捏紧嘴巴，紧贴鼻孔吹气。

（5）深吸气后，紧贴掰开的嘴巴吹气，如图c所示。吹气时可隔一层纱布或毛巾。吹气时要使伤员的胸部膨胀，每5秒钟一次，每次吹2秒钟。

（6）吹气后，应立即离开伤员的口（鼻），并松开伤员的鼻孔（或嘴唇），让其自由呼吸，如图d所示。

（7）在人工呼吸的过程中，若发现伤员有轻微的自然呼吸时，人工呼吸应与自然呼吸的节律相一致。当自然呼吸有好转时，可暂停人工呼吸数秒并密切观察。若自然呼吸仍不能完全恢复，应立即继续进行人工呼吸，直至呼吸完全恢复正常为止。

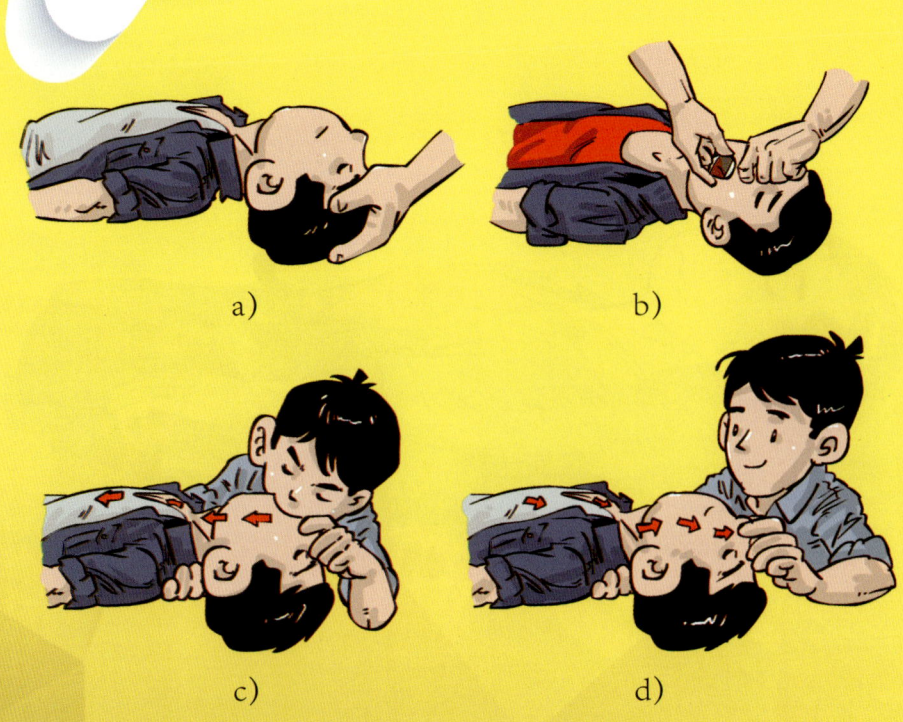

a)　　　　　　　　b)

c)　　　　　　　　d)

12. 胸外心脏按压法的基本要领是什么？

（1）使伤员仰卧在比较坚实的地面或地板上，解开衣服，清除口内异物，然后进行急救。

（2）救护人员蹲跪在伤员腰部一侧，或跨腰跪在其腰部，两手相叠，如图a所示。将掌根部放在被救护者胸骨下1/3的部位，即把中指尖放在其颈部凹陷的下边缘，手掌的根部就是正确的压点，如图b所示。

（3）救护人员两臂肘部伸直，掌根用力垂直下压，压陷深度为3～5厘米，如图c所示。成人每秒钟按压一次，太快和太慢效果都不好。

（4）按压后，掌根迅速全部放松，让伤员胸部自动复原。放松时掌根不必完全离开胸部，如图d所示。

按以上步骤连续不断地进行操作，每秒钟一次。按压时定位必须准确，用力要适当，不可用力过大过猛，以免挤压出胃中的食物，堵塞气管，影响呼吸，或造成肋骨折断、气血胸和内脏损伤等。也不能用力过小，而起不到按压的作用。

a) 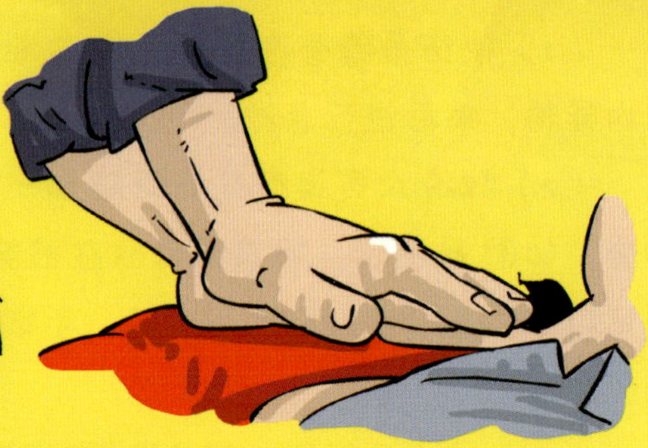 b)

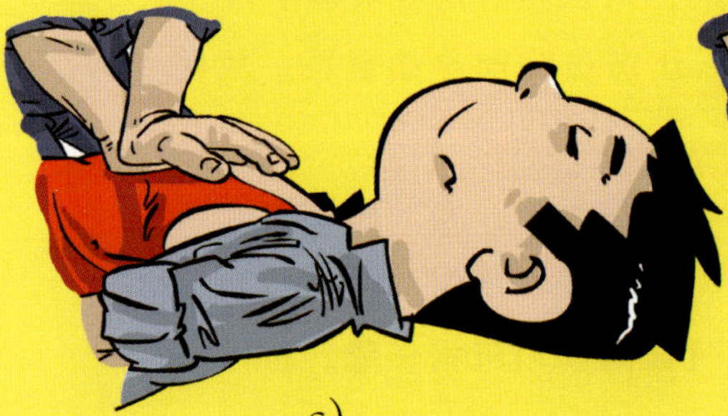

c)  d)

小贴士 伤员一旦呼吸和心跳均已停止，应同时进行口对口（鼻）人工呼吸和胸外心脏按压。两种方法应交替进行，吹气2～3次，再按压10～15次。

13. 心肺复苏有效有哪些表现？

对于神志不清的伤者观察其脑活动的主要指标有五个方面：瞳孔变化、睫毛反射、挣扎表现、肌肉张力和自主呼吸。这些都是脑活动最起码的征象。如果有一项满足，就表明有充分氧气的血流正流向大脑，并保护脑组织免于损伤。

小贴士

在复苏时必须经常观察瞳孔，瞳孔缩小是治疗有效的最有价值而又十分灵敏的征象。扩大的瞳孔在心跳恢复后很快缩小，说明无严重脑损害发生。

但是出现挣扎也是最有效复苏的一个征象，它说明脑已受到充分的保护。有以下几种方法可处理挣扎：一种方法是用安定5~10毫升静脉注射，使病人镇静。另一种方法是间断使用小剂量硫喷妥钠。

14. 常用的现场骨折固定技术有哪些？

凡发生骨折或怀疑有骨折的伤员，均必须在现场立即采取骨折临时固定措施。常用的骨折固定方法有：

（1）肱骨（上臂）骨折固定法

1）夹板固定法。用两块夹板分别放在上臂内外两侧（如果只有一块夹板，则放在上臂外侧），用绷带或三角巾等将上下两端固定。肘关节屈曲90°，前臂用小悬臂带悬吊。

2）无夹板固定法。将三角巾折叠成10～15厘米宽的条带，其中央正对骨折处，将上臂固定在躯干上，于对侧腋下打结。屈肘90°，再用小悬臂带将前臂悬吊于胸前。

肱骨（上臂）骨折固定法

（2）尺、桡骨（前臂）骨折固定法

1）夹板固定法。用两块长度超过肘关节至手心的夹板分别放在前臂的内外侧（只有一块夹板，则放在前臂外侧）并在手心放好衬垫，让伤员握好，以使腕关节稍向背屈，再固定夹板上下两端。屈肘90°，用大悬臂带悬吊，手略高于肘。

2）无夹板固定法。使用大悬臂带、三角巾固定。用大悬臂带将骨折的前臂悬吊于胸前，手略高于肘。再用一条三角巾将上臂带一起固定于胸部，在健肢侧腋下打结。

尺、桡骨（前臂）骨折固定法

（3）股骨（大腿）骨折固定法

1）夹板固定法。伤员仰卧，伤腿伸直。用两块夹板（内侧夹板长度为上至大腿根部，下过足跟；外侧夹板长度为上至腋窝，下过足跟）分别放在伤腿内外两侧（只有一块夹板则放在伤腿外侧），并将健肢靠近伤肢，使双下肢并列，两足对齐。关节处及空隙部位均放置衬垫，用5~7条三角巾或布带先将骨折部位的上下两端固定，然后分别固定腋下、腰部、膝、踝等处。足部用三角巾"8"字固定，使足部与小腿呈直角。

2）无夹板固定法。伤员仰卧，伤腿伸直，健肢靠近伤肢，双下肢并列，两足对齐。在关节处与空隙部位之间放置衬垫，用5~7条三角巾或布带将两腿固定在一起（先固定骨折部位的上、下两端）。足部用三角巾"8"字固定，使足部与小腿呈直角。

夹板固定法

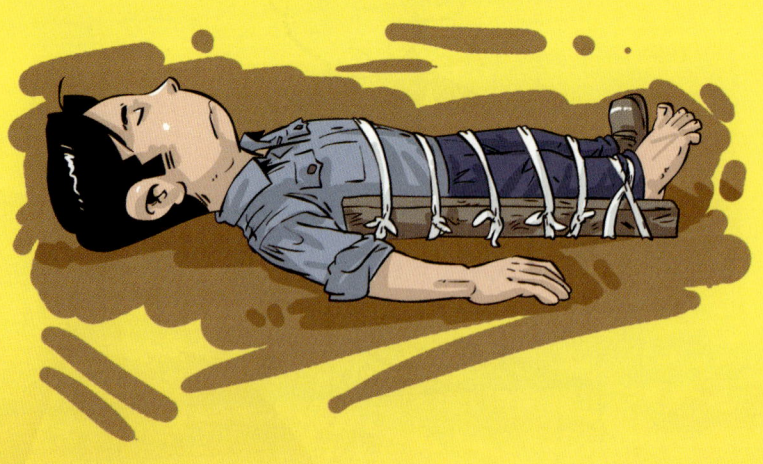

（4）脊柱骨折固定法

不得轻易搬动伤员。严禁一人抱头，另一个人抬脚等不协调的动作。

如伤员俯卧位时，可用"工"字夹板固定，将两横板压住竖板分别横放于两肩上及腰骶部，在脊柱的凹凸部位放置衬垫，先用三角巾或布带固定两肩，再固定腰骶部。现场处理原则是，背部受到剧烈的外伤，有颈、胸、腰椎骨折者，绝不能试图扶着病人让其做一些活动，以此"判断"有无损伤。一定要就地固定。

（5）头颅部骨折固定法

伤员静卧，头部可稍垫高，头颅部两侧放两个较大硬实的枕头或沙袋等物将其固定住，以免搬动、转运时局部晃动。

脊柱骨折固定法

头颅部骨折固定法

15. 现场止血方法有哪些？

常用的现场止血术有5种，使用时要根据具体情况，可选其中的一种，也可以把几种止血法结合，一起应用。以达到最快、最有效、最安全的止血目的。

（1）指压动脉止血法

适用于头部和四肢某些部位的大出血。方法为用手指压迫伤口近心端动脉，将动脉压向深部的骨头，阻断血液流通。这是一种不要任何器械、简便、有效的止血方法，但因为止血时间短暂，常需要与其他方法结合进行。

指压动脉止血法

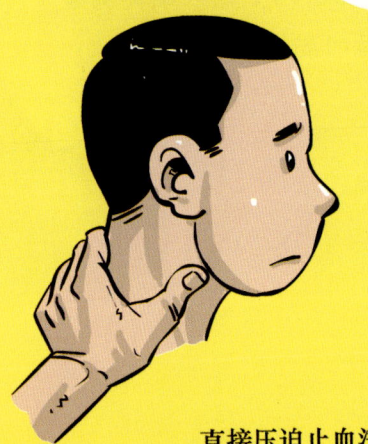

直接压迫止血法

（2）直接压迫止血法

适用于较小伤口的出血。用无菌纱布直接压迫伤口处，压迫约10分钟。

加压包扎止血法

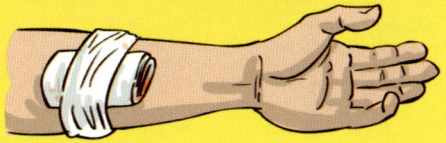

（3）加压包扎止血法

适用于各种伤口，是一种比较可靠的非手术止血法。先用无菌纱布覆盖压迫伤口，再用三角巾或绷带用力包扎，包扎范围应该比伤口稍大。这是目前最常用的一种止血方法，在没有无菌纱布时，可使用消毒卫生巾或餐巾等代替。

（4）填塞止血法

适用于较大而深的伤口，先用镊子夹住无菌纱布塞入伤口内。如一块纱布太小，止不住出血，可再加纱布，最后用绷带或三角巾绕至对侧根部包扎固定。

填塞止血法

（5）止血带止血法

只有四肢大出血，且其他止血法不能止血时才用止血带止血法。止血带有橡皮止血带（橡皮条和橡皮带）、气性止血带（如血压计袖带）和布制止血带。其操作方法各不相同。

> **小贴士**
>
> 血液是维持生命的重要物质，成年人的血容量约占体重的8%，即4 000～5 000毫升，如出血量为总血量的20%时，会出现头晕、脉搏增快、血压下降、出冷汗、肤色苍白、少尿等症状，如出血量占总血量的40%时，就有生命危险。出血伤员的急救，只要稍拖延几分钟就会危及生命。

止血带止血法

16. 急性中毒急救应遵循什么原则？

急性中毒者病情急，损害严重，需要紧急处理。因此，急性中毒的急救原则应突出以下四个字，即"快""稳""准""动"。"快"即迅速，分秒必争；"稳"即沉着、镇静、胆大、果断；"准"即判断准确，不要采用错误方法急救；"动"即动态观察，判断出现的症状，所用措施是否对症。

小贴士

某种物质进入人体后，通过生物化学或生物物理作用，使组织产生功能紊乱或结构损害，引起机体病变称为中毒。毒物在短时间内突然进入机体，产生一系列的病理生理变化，甚至危及生命称为急性中毒。

17. 发生急性中毒时，如何急救？

发生中毒后，可分除毒、解毒和对症救护三步进行急救。

（1）除毒

1）吸入毒物。应立即将病人救离中毒现场，移至空气新鲜的地方，解开衣服，以保持呼吸道的通畅，同时可吸入氧气。病人昏迷时，取出假牙，将舌头牵引出来。

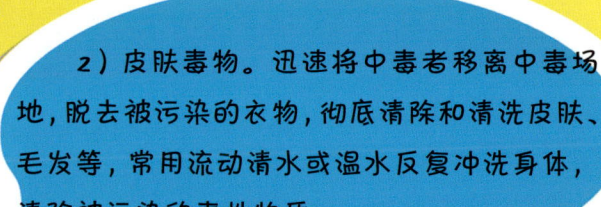

2）皮肤毒物。迅速将中毒者移离中毒场地，脱去被污染的衣物，彻底清除和清洗皮肤、毛发等，常用流动清水或温水反复冲洗身体，清除被污染的毒性物质。

3）眼内毒物。迅速用0.9%盐水或清水冲洗5～10分钟。酸性毒物用2%碳酸氢钠溶液冲洗，碱性毒物用3%硼酸溶液冲洗。然后可点0.25%氯霉素眼药水，或0.5%金霉素眼药膏以防止感染。无药液时，只用微温清水冲洗亦可。

4）食入毒物。对于已经明确属食入毒物的神志清醒的患者，应马上采取催吐的办法，使毒物从体内排出。

（2）解毒和对症救护

解毒和对症救护需在医院进行。

18. 发生生产性中毒窒息事故如何救护？

（1）通风。加强全面通风或局部通风，用大量新鲜空气对中毒区的有毒有害气体浓度进行稀释冲淡，待有害气体浓度降到容许浓度时，方可进入现场抢救。

（2）做好防护工作。救护人员在进入危险区域前必须戴好防毒面具、自救器等劳动防护用品，必要时也应给中毒者戴上。迅速将中毒者从危险的环境转移到安全、通风的地方。

（3）如果是一氧化碳中毒，中毒者还没有停止呼吸，则应立即松开中毒者的领口、腰带，使中毒者能够顺畅地呼吸新鲜空气；如果情况严重，选择采取人工呼吸和胸外心脏按压等措施。

（4）对于硫化氢中毒者，在进行人工呼吸之前，要用浸透食盐溶液的棉花或手帕盖住中毒者的口鼻。

（5）如果是瓦斯或二氧化碳窒息，情况不太严重时，可把窒息者移到空气新鲜的场所稍作休息；若窒息时间较长，就要进行人工呼吸。

（6）如果毒物污染了眼部和皮肤，应立即用水冲洗；对食入的中毒者，应设法催吐，简单有效的办法是用手指刺激舌根；若误服腐蚀性毒物，可口服牛奶、蛋清、植物油等对消化道进行保护。

（7）对任何处于昏迷状态的中毒人员，现场采取必要措施后，应尽快送往医院进行急救。

19. 发生热烧伤如何救护？

火焰、开水、蒸汽、热液体或固体直接接触人体引起的烧伤，都属于热烧伤。热烧伤的救护方法如下：

（1）轻度烧伤尤其是不严重的肢体烧伤，应立即用清水冲洗或将患肢浸泡在冷水中 10～20 分钟，如不方便浸泡，可用湿毛巾或布单盖在患部，然后浇冷水，以使伤口尽快冷却降温，减轻损伤。穿着衣服的部位如烧伤严重，不要先脱衣服，否则易使烧伤处的水疱、皮肤一同撕脱，造成伤口创面暴露，增加感染机会。而应立即朝衣服上面浇冷水，待衣服局部温度快速下降后，再轻轻脱去衣服或用剪刀剪开褪去衣服。

（2）若烧伤处已有水疱形成，小水疱不要随便弄破，大水疱应到医院处理或用消过毒的针刺小孔排出疱内液体，以免影响创面修复，增加感染机会。

（3）烧伤创面一般不做特殊处理，不要在创面上涂抹任何有刺激性的液体或不清洁的粉剂或油剂，只需保持创面及周围清洁即可。较大面积烧伤用清水冲洗清洁后，最好用干净纱布或布单覆盖创面，并尽快送往医院治疗。

（4）火灾引起烧伤时，应立即脱去伤员着火的衣服，如果一时难以脱下来，可让伤员卧倒在地滚压灭火，或用水浇灭火焰。切勿带火奔跑或用手拍打，否则可能使火借风势越烧越旺，将手烧伤。也不可在火场大声呼喊，以免导致呼吸道烧伤。要用湿毛巾捂住口鼻，以防吸入烟雾导致窒息或中毒。

20. 发生眼外伤如何救护？

（1）轻度眼伤，如眼进异物，可叫现场同伴翻开眼皮用干净的手绢、纱布将异物拨出。如眼中溅入化学物质，要及时用水冲洗。

（2）重度眼伤，可让伤者仰躺，施救者设法支撑其头部，并尽可能使其保持静止不动，千万不要试图拨出刺入眼中的异物。

（3）见到眼球鼓出或从眼球脱出东西，不可把它推回眼内，这样做十分危险，可能会把能恢复的伤眼弄坏。

（4）立即用消毒纱布轻轻盖上伤眼，如没有纱布可用刚洗过的干净的毛巾覆盖，再缠上布条，缠时不可用力，以不压及伤眼为原则。

做完上述处理后，立即送医院做进一步的治疗。

出来了，是只小飞虫。

21. 发生火灾如何避险与逃生？

（1）沉着冷静，辨明方向，迅速撤离危险区域。如果火灾现场人员较多，切不可慌张，更不要相互拥挤、盲目跟从或乱冲乱撞、相互践踏，以防造成意外伤害。

火灾时千万不要乘坐普通电梯。

（2）在高层建筑中，电梯的供电系统在火灾发生时会随时断电，因此，发生火灾时千万不可乘普通电梯逃生。

（3）低层人员可以迅速利用身边的绳索或床单、窗帘、衣服等用水浸湿，自制成简易救生绳，然后从窗台或阳台沿绳缓滑到下面楼层或地面；还可以沿着水管、避雷线等建筑结构中的凸出物滑到地面安全逃生。

（4）假如用手摸房门已感到烫手，或已知房间被大火或烟雾围困，此时切不可打开房门。首先应关紧迎火的门窗，打开背火的门窗，用湿毛巾或湿棉被塞住门窗缝隙，并不停地泼水降温，防止烟火侵入。

（5）设法发出信号，寻求外界帮助。白天可以向窗外晃动颜色鲜艳的衣物；晚上可以用电筒不停地在窗口闪动或者利用敲击金属物、大声呼救等方式，引起救援者的注意。

天无绝人之路，到了天台就可以等待救援了。

小贴士

火灾撤离时要朝明亮或外面空旷的地方跑，同时尽量向楼下跑。进入楼梯间后，在确定下面楼层未着火时，可以向下逃生，决不能往上跑。若通道已被烟火封阻，则应背向烟火方向撤离，通过阳台、气窗、天台等往室外逃生。如果现场烟雾很大或断电，能见度低，无法辨明方向，则应贴近墙壁或按指示灯的指示摸索前进，找到安全出口。

如果逃生要经过充满烟雾的通道,为避免浓烟呛入口鼻,可使用湿毛巾或口罩蒙住口鼻,同时使身体尽量贴近地面或匍匐前行。穿越烟火封锁区时,可向头部、身上浇冷水或用湿毛巾、湿棉被、湿毯子等将头和身体裹好,再冲出去。

22. 火灾现场的急救原则是什么？

火灾是日常生活中最常见的一种灾害，常由于高温、沸水、烟雾、电流等造成烧伤。更严重的是对人的皮肤、躯体、内脏等造成复合伤，甚至可致残或死亡。

急救原则为一脱，二观，三防，四转。

（1）一脱。急救的头等大事是使伤员脱离火场，灭火，分秒必争。

（2）二观。观察伤员呼吸、脉搏、意识，目的是分轻重缓急进行急救。

（3）三防。防止创面不再受污染，包括清除眼、口、鼻的异物。

（4）四转。把重伤者安全转送医院。

23. 人身上着火时怎么办？

（1）当身上套着几件衣服时，火焰不会一下烧到皮肤。应将着火的外衣迅速脱下。有纽扣的衣服可用双手抓住左右衣襟猛力撕扯将衣服脱掉，不能像平时那样一个一个地解纽扣。如果穿的是拉链衫，则要迅速拉开拉链将衣服脱下。

（2）身上如果穿的是单衣，应在地上来回滚动，在地上滚动的速度不能快，否则火不容易压灭。

（3）在家里，应使用被褥、毯子或麻袋等物灭火，这种方法效果既好又及时，只要将其打开遮盖在身上，然后迅速趴在地上，火焰便会立刻熄灭；如果旁边正好有水，也可用水浇。

（4）在野外，如果附近有较浅的河流、池塘，可迅速跳入其中；但若人体已被烧伤，而且创面皮肤已烧破时，不宜跳入水中，更不能用灭火器直接往人体上喷射，以免使烧伤的创面感染细菌。

24. 火灾中被烧伤时如何急救?

（1）热力烧伤的现场急救

应立即去除致伤因素并给予降温，如热液烫伤，应立即脱去被浸渍的衣物，使热力不再继续作用并尽快用凉水冲洗或浸泡，使伤处冷却，减轻疼痛和损伤程度。

（2）吸入性损伤的现场急救

迅速使伤员脱离火灾现场置于通风良好的地方清除口鼻分泌物和炭粒等窒息物，保持呼吸道通畅，有条件者给吸氧。及时送医疗中心进一步处理，途中，要严密观察，防止因窒息而死亡。

（3）电烧伤的现场急救

电烧伤时，首先要切断电源，立即进行急救，维持病人的呼吸，出现呼吸和心跳停止者，应立即进行口对口人工呼吸和胸外心脏按压。

（4）烧伤伴合并伤的现场急救

火灾现场造成的损伤往往还伴有其他损伤，在急救中对危及病人生命的合并伤应迅速给予处理，如活动性出血应给予压迫或包扎止血。开放性损伤应灭菌包扎或保护。合并颅脑、脊柱损伤者，应注意小心搬动。合并骨折者应给予简单固定。

25. 发生触电事故如何急救？

（1）脱离电源。发现有人触电后，应立即切断电源。同时，用木棒、皮带、橡胶制品等绝缘物品挑开触电者身上的带电物体。立即拨打报警求助电话。需防止触电者脱离电源后可能的摔伤，特别是当触电者处于高处，应考虑采取防坠落措施。

（2）解开妨碍触电者呼吸的紧身衣服，检查触电者的口腔，清理口腔黏液，如有假牙，应取下。

（3）立即就地抢救。当触电者脱离电源后，应根据触电者的具体情况，迅速对症救护。现场应用的主要救护方法是人工呼吸法和胸外心脏按压法。应当注意，急救要尽快进行，不能等候医生的到来，在送往医院的途中，也不能中止急救。

（4）如有电烧伤的伤口，应包扎后到医院就诊。

 小贴士

有资料表明，从触电后1分钟开始救治者，90%有良好效果；从触电后6分钟开始救治者，10%有良好效果；而从触电后12分钟开始救治者，救活的可能性很小。

26. 发生雷击时，现场如何急救？

雷击损伤一般伤情较重，非死即伤。高压电的电击伤与雷击造成的损伤相似。

雷击（电击）损伤瞬间发生，伤情严重，必须立即施救。多数患者要给予心肺复苏、脑复苏抢救。有心室纤颤、心律异常者，应给以除颤复律治疗。

雷击损伤较为复杂，要求多学科综合救治。重点在于维持呼吸、稳定血压、纠正酸中毒、医治烧灼伤等。

雷击损伤的急救

（1）伤者就地平卧，松解衣扣、乳罩、腰带等。

（2）立即进行口对口呼吸和胸外心脏按压，坚持至病人苏醒为止。

（3）送医院急救。

27. 淹溺时，现场如何急救？

当出现淹溺的情况时尽快将溺水者救到陆地上或船上，解开溺水者衣扣，检查呼吸、心跳情况，救起的溺水者若尚有呼吸、心跳，可先倒水，动作要敏捷，切勿因此延误其他抢救措施。检查溺水者的口鼻腔内是否有异物，如存在应立即清除口鼻腔内异物。如呼吸、心跳已停止，应立即进行心肺复苏。保持呼吸道通畅，注意保暖。

28. 中暑时如何急救？

中暑是高温影响下的体温调节功能紊乱，常因烈日暴晒或在高温环境下重体力劳动所致。急救措施为：

（1）搬移。迅速将患者抬到通风、阴凉、干爽的地方，使其平卧并解开衣扣，松开或脱去衣服，如衣服被汗水湿透应更换衣服。

（2）降温。患者头部可盖上冷毛巾，用50%酒精、白酒、冰水或冷水进行全身擦浴，然后用扇子或电扇吹风，加速散热。有条件的也可用降温毯给予降温。但不要快速降低患者体温，当体温降至38℃以下时，要停止一切冷敷等强降温措施。

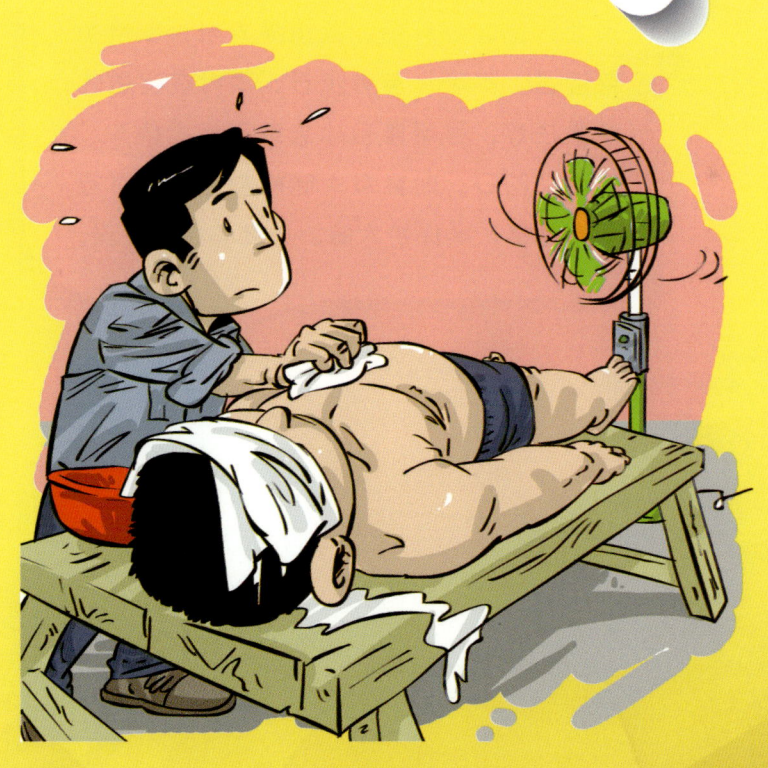

（3）补水。患者仍有意识时，可给一些清凉饮料，在补充水分时，可加入少量盐或小苏打水。但千万不可急于补充大量水分，否则，会引起呕吐、腹痛、恶心等症状。

（4）促醒。病人若已失去知觉，可指掐人中、合谷等穴，使其苏醒。若呼吸停止，应立即实施人工呼吸。

（5）转送。对于重度中暑病人，必须立即送医院诊治。搬运病人时，应用担架运送，不可让患者步行，同时在运送途中要注意，尽可能用冰袋敷于病人额头、枕后、胸口、肘窝及大腿根部，积极进行物理降温，以保护大脑、心肺等重要脏器。

29. 冷冻伤时如何急救？

低温引起人体的损伤为冷冻伤，分为非冻结性冷伤和冻结性冷伤。

复温是救治的基本手段。首先应脱离低温环境和冰冻物体。衣服、鞋袜等与肢体冻结者勿用火烘烤，应用温水（40℃左右）融化后脱下或剪掉。然后用38～40℃温水浸泡伤肢或浸浴全身，水温要稳定，使局部在20分钟、全身在半小时内复温，到肢体红润，皮肤温度达36℃左右为宜。对呼吸心跳骤停者，施行心脏按压和人工呼吸。

水温38～40℃。

30. 发生高处坠落事故如何救护？

高处坠落造成的伤害主要是脊椎损伤、内脏损伤和骨折。为避免施救方法不当使伤情扩大，抢救时应注意以下几点：

（1）发现坠落伤员，首先看其是否清醒，能否自主活动。若能站起来或移动身体，则要让其躺下用担架抬送或用车送往医院。因为某些内脏伤害，当时可能感觉不明显。

（2）若伤员已不能动或不清醒，切不可乱抬，更不能背起来送医院，这样做极容易拉脱伤者脊椎，造成永久性伤害。此时应进一步检查伤者是否骨折。若有骨折，应采用夹板固定。

（3）送医院时应先找一块能使伤者平躺的木板，然后在伤者一侧将小臂伸入伤者身下，分别托住头、肩、腰、腿等部位，同时用力，将伤者平稳托起，再平稳放在木板上，抬着木板送往医院。

（4）若坠落在地坑内，也要按上述程序救护。若地坑内杂物太多，应由几个人小心抬抱，放在木板上抬出。若坠落于地井中，无法让伤者平躺，则应小心地将伤者抱入筐中吊上来。施救时应注意严禁让伤者脊椎、颈椎受力。

31. 发生坍塌事故时，如何急救？

（1）当发现土方或建筑物有裂纹或发出异常声音时，应立即停止作业，并组织人员快速撤离到安全地点。

（2）在土方或建筑物发生坍塌，造成人员被埋、被压的情况下，立即拨打报警和急救电话。在确认不会再次发生同类事故的前提下，立即抢救受伤人员。

（3）当少部分土方坍塌时，抢救或救护人员要用铁锹进行挖掘，并注意不要伤及被埋人员；当建筑物整体倒塌造成特大事故时，应在统一指挥下开展抢险工作，采用吊车、挖掘机进行抢救，现场要有指挥并监护，防止机械伤及被埋或被压人员。

（4）被抢救出来的伤员，现场救护人员应用担架把伤员抬到救护车上。对伤势严重的人员要立即进行输氧和输液，到医院后组织医务人员全力救治伤员。

32. 坍塌事故急救的注意事项有哪些？

（1）在进行现场救护前，应对现场进行评估，如有再次发生坍塌的危险时，应先进行支护或采取其他加固措施。

（2）建（构）筑物如果在大火中燃烧了一定时间后，其结构强度将急剧下降，因此，应听从指挥进行营救。经过专家评估并采取一定措施后才能进入建（构）筑物进行人员抢救。

（3）应提高应急救护人员的安全意识和自我保护能力，不冒险蛮干。

（4）备齐必要的应急救援物资，如车辆、吊车、担架、氧气袋、止血带、送风设备等。

有再次发生坍塌危险时，应先进行支护。

要备齐必要的应急救援物资。

第三章 建筑施工企业的意外伤害与应急处置

33. 建筑施工企业的常见事故伤害有哪些?

建筑施工企业中常见事故伤害有:高处坠落、物体打击、坍塌、起重伤害、机械伤害。

34. 建筑施工企业伤亡事故的主要原因有哪些？

造成建筑施工企业伤亡事故的原因，有外部原因、内部原因、客观原因三个方面。

（1）外部原因

各种原因造成施工企业安全生产上的投入资金严重不足；部分工程工期不合理，违背规律，使施工企业的安全管理无法按规章进行；有的业主随意肢解工程，总包单位没有对工程进行综合管理。

（2）内部原因

一些施工企业片面追求经济效益，减少安全设施上的必要投入；有的企业以包代管现象严重；有的企业在改革改制中，削弱安全管理机构，减少安全管理人员，造成企业的安全生产管理力量不足；有的企业不重视安全培训教育。

（3）客观原因

建筑施工企业伤亡事故还有其客观原因。这些客观原因主要是：①高处作业多。②露天作业多。③手工劳动及繁重体力劳动多。④立体交叉作业多。⑤临时员工多。

35. 建筑施工企业有哪些常见的高处坠落事故？

（1）临边、洞口处坠落

一是无防护设施或防护不规范。如防护栏杆的高度低于 1.2 米，横杆仅有一道等；在无外脚手架及尚未砌筑围护墙的楼面的边缘，防护栏杆柱无预埋件固定或固定不牢固。二是洞口防护不牢靠，洞口虽有盖板，但无防止盖板位移的措施。

（2）脚手架坠落

主要是搭设不规范，如相邻的立杆（或大横杆）的接头在同一平面上，剪刀撑、连墙点任意设置等；架体外侧无防护网、架体内侧与建筑物之间的空隙无防护或防护不严；脚手板未满铺或铺设不严、不稳等。

（3）悬空高处作业时坠落

主要是安装或拆除脚手架、井架（龙门架）、塔吊和吊装屋架、梁板等在高处作业时的作业人员，没有系安全带，也无其他防护设施或作业时用力过猛，身体失稳而坠落。

（4）在轻型屋面和顶棚上铺设管道、电线或检修作业中坠落主要是作业时没有使用轻便脚手架，在行走时误踩轻型屋面板、顶棚面板而坠落。

（5）登高过程中坠落

主要是无登高梯道，随意攀爬脚手架、井架登高；登高斜道面板、梯档破损、踩断；登高斜道无防滑措施。

（6）在梯子上作业坠落

主要是梯子未放稳，人字梯两片未系好安全绳带；梯子在光滑的楼面上放置时，其梯脚无防滑措施，作业人员站在人字梯上移动位置而坠落。

 **36. 施工中有哪些常见的触电意外伤害？**

在建筑施工作业中，若电气设备使用不当，缺乏防触电知识和安全用电意识，极易引发人身触电伤亡和电气设备事故。

（1）外电线路触电事故。

（2）施工机械漏电造成事故。

（3）手持电动工具漏电。

（4）电线电缆的绝缘老化、破损及接线混乱造成漏电。

（5）照明及违章用电。

37. 建筑施工企业有哪些常见的物体打击意外伤害？

建筑施工企业常见的物体打击意外伤害有：

(1) 高处落物伤害

在高处堆放材料超高、堆放不稳造成散落；拆脚手架、井架时，随拆随往下扔；在同一垂直面或立体交叉作业时，上、下层间没有设置安全隔离层；起重吊装时材料散落，造成落物伤害事故。

(2) 飞蹦物伤害

爆破作业时安全覆盖、防护等措施不周；工地调直钢筋时没有可靠防护措施；使用卷扬机拉直钢筋时，夹具脱落或钢筋拉断，钢筋反弹击伤人；使用有柄工具时没有认真检查，作业时手柄断裂，工具头飞出击伤人等。

(3) 滚物伤害

主要是在基坑边堆物不符合要求，如砖、石、钢管等滚落到基坑、桩洞内造成基坑、桩洞内的作业人员受到伤害。

(4) 从物料堆上取物料时，物料散落、倒塌造成伤害

物料堆放不符合安全要求，取料者图方便不注意安全；长杆件材料竖直堆放，受震动倒下砸伤人；抬放物品时抬杆断裂等造成物击、砸伤事故。

38. 建筑施工企业发生物体打击事故后如何进行应急救治？

发生物体打击事故后，在应急处置中要注意：

（1）一旦有事故发生，首先要通知现场安全员，马上拨打急救电话，并向上级领导及有关部门汇报。

（2）当发生物体打击事故后，尽可能不要移动伤者，尽量当场施救。抢救的重点应放在处理颅脑损伤、胸部骨折和出血上。

（3）发生物体打击事故后，应首先观察伤者的受伤情况、部位、伤害性质，如伤员发生休克，应先处理休克。遇呼吸、心跳停止者，应立即进行心肺复苏。处于休克状态的伤员要让其安静、保暖、平卧、少动，并将下肢抬高约20°，尽快送医院进行抢救治疗。

（4）如果出现颅脑损伤，必须维持呼吸道通畅，昏迷者应平卧，面部转向一侧，以防舌根下坠或吸入分泌物、呕吐物，发生喉阻塞。遇有凹陷骨折、严重的颅底骨折及严重的脑损伤症状出现，创伤处用消毒的纱布或清洁布等覆盖伤口，用绷带或布条包扎后，及时就近送有条件的医院治疗。

（5）如果处在不宜救治的场所时，必须将患者搬运到能够安全施救的地方，尽量将伤者放到担架或平板上进行搬运。

39. 施工机械意外伤害的主要原因有哪些？

造成施工机械意外伤害的主要原因有：

（1）违章指挥

施工指挥者指派未经安全知识和技能培训合格的人员从事机械操作；为赶进度不执行机械保养制度和定机定人责任制度，"歇人不停机"；使用报废机械。

（2）违章作业

操作人员为图方便，有章不循，违章作业；木工平刨机无护指安全装置；起重机械拆除力矩限制器后使用；机械运转中进行擦洗、修理；非机械操作人员擅自启动机械操作。

（3）不使用和不正确使用劳动防护用品

如戴手套进行车床等旋转机械作业，钢筋焊接作业时穿化纤服装等。

（4）没有安全防护和保险装置或装置不符合要求

如机械外露的转（传）动部位（如齿轮、传送带等）没有安全防护罩；圆盘锯无防护罩、无分料器、无防护挡板；塔吊的限位、保险不齐全或虽有却失效。

（5）机械不安全状态

如机械带病作业，机械超负荷使用，使用不合格机械或报废机械。

40. 施工机械意外伤害后应怎样进行应急处置？

发生施工机械意外伤害事故后，急救步骤为：首先要取出产生伤害的物体，使伤员呼吸道畅通，止住出血和防止休克；其次是处理骨折；最后处理一般伤口。

如果伤员一次出血量达全身血量的40%以上时，生命就有危险。因此，及时止血是非常重要的。可用现场物品如毛巾、纱布、工作服等立即采取止血措施，如果创伤部位有异物且不在重要器官附近，可以拔出异物，处理好伤口，如无把握就不要随便将异物拔掉，应由医生来检查、处理，以免伤及内脏及较大血管，造成大出血。

41. 施工坍塌意外伤害的主要原因有哪些？

造成坍塌意外伤害的主要原因有：

（1）基坑、基槽开挖及人工扩孔桩施工过程中的土方坍塌

坑槽开挖没有按规定放坡，基坑支护没有经过设计或施工时没有按设计要求支护；支护材料质量差导致支护变形、断裂；边坡顶部荷载大；排水措施不通畅，造成坡面受水浸泡产生滑动而塌方；冬春之交破土时，没有针对土体胀缩因素采取护坡措施。

（2）楼板、梁等结构和雨篷等坍塌

工程结构施工时，在楼板上面堆放物料过多；刚浇筑不久的钢筋混凝土楼板未达到应有的强度，为赶进度即在该楼板上面支搭模板浇筑上层钢筋混凝土楼板造成坍塌；过早拆除钢筋混凝土楼板、梁构件和雨篷等的模板或支撑。

啊！楼板过载坍塌了……

模板坍塌

（3）房屋拆除坍塌

专业队伍力量薄弱，管理不到位；拆除作业人员素质低；拆除工程没有编制施工方案和技术措施，盲目蛮干，野蛮施工，都易造成墙体、楼板等坍塌。

（4）模板坍塌

用扣件式钢管脚手架、各种木杆件或竹材搭设的高层建筑楼板的模板，因支撑杆件刚性不够、强度低，在浇筑混凝土时失稳造成模板上的钢筋和混凝土的塌落。

（5）脚手架倒塌

主要是没有按规定编制施工方案，没有执行安全技术措施和验收制度。脚手架直径达不到要求，搭设不规范，特别是相邻杆件接头、剪刀撑、连墙点的设置不符合安全要求，易造成脚手架失稳倒塌。

脚手架倒塌

（6）塔吊倾翻、井架（龙门架）倒塌

塔吊倾翻是由塔吊起重钢丝或平衡臂钢丝绳断裂所致；因轨道沉陷及下班时夹轨钳未夹紧轨道，夜间突起大风造成塔吊出轨倾翻；在安装拆除时，没有制定施工方案，不向作业人员交底造成倾翻。井架（龙门架）倒塌主要由于基础不稳固，稳定架体的缆风绳，或塔、拆架体时的临时缆风绳不使用钢丝绳，甚至使用尼龙绳。附墙架使用竹、木杆并采用铅丝等绑扎，井架与脚手架连在一起等。

塔吊倾翻

42. 施工坍塌事故抢救行动应注意哪些事项？

（1）当伴随有火灾发生时，救人、灭火应同时进行。

（2）在现场快速开辟出一块空阔地和进出通道，确保现场拥有一个急救平台和一条供救援车辆进出的通道。

（3）救援人员要注意自身的行动安全，不应进入建筑结构已经明显松动的建筑内部；不得登上已受力不均匀的阳台、楼板、房屋等部位；不准冒险钻入非稳固支撑的建筑废墟下面。实施倒塌现场的监护，严防倒塌事故的再次发生。

（4）为尽可能抢救遇险人员的生命，抢救行动应本着先易后难，先救人后救物，先伤员后亡者，先重伤员后轻伤员的原则进行。

（5）对于可能存在毒气泄漏的现场，救援人员必须佩戴空气呼吸器、防化服；使用切割装备破拆时，必须确认现场无易燃、易爆物品。

第四章 煤矿企业意外伤害与应急处置

43. 发生煤矿事故应如何报告？

煤矿企业发生伤亡事故后，现场人员要立即将情况报告企业负责人或有关主管人员。企业负责人或有关主管人员接到事故信息后，必须向当地人民政府、煤炭管理部门和当地煤矿安全监察办事处（站）报告，并在24小时内写出事故快报报上述部门。

事故快报应当包括以下内容：矿井基本情况；事故发生的时间、地点、单位、伤亡人数、直接经济损失初步估计；事故简要经过；事故发生原因的初步判断；事故发生后采取的措施及事故控制情况。

44. 煤矿瓦斯的性质和特点有哪些？

（1）瓦斯的主要成分是甲烷，是一种无色、无味、无臭的气体；难溶于水；比空气轻，易在高处积存。

（2）瓦斯的扩散能力很强。瓦斯从某一地点向外涌出后，能很快在巷道中扩散。

（3）瓦斯无毒，但不能供人呼吸，当空气中的瓦斯浓度较高时会相对降低空气中的氧含量，从而造成人的窒息。人如果进入积存大量瓦斯的地点，会很快昏迷、窒息，甚至死亡。

（4）瓦斯具有燃烧性和爆炸性。瓦斯与空气混合达到一定浓度后遇火会燃烧或爆炸。

45. 防止瓦斯爆炸的主要措施有哪些？

防止瓦斯爆炸的技术措施很多，主要有三个方面：防止瓦斯积聚、防止瓦斯被引燃、防止瓦斯爆炸事故的扩大。根本措施还是防止瓦斯积聚和防止瓦斯被引燃。

（1）防止瓦斯积聚

加强通风是防止瓦斯积聚的根本措施；及时处理局部积存瓦斯；在矿井瓦斯涌出量很大、一般的技术措施效果不佳的情况下，可采用抽放瓦斯的方法；对于井下易于积聚瓦斯的地方，要经常检查其浓度，发现瓦斯超限要及时处理。

（2）防止瓦斯燃烧

禁止携带火种下井。在瓦斯矿井应选用矿用安全型、矿用防爆型或矿用安全火花型电气设备。在使用中应保持良好的防爆、防火花性能。停电停风时，要通知瓦斯检查人员检查瓦斯浓度，恢复送电时，要经过瓦斯检查人员检查后，才准许恢复送电工作。严格执行"一炮三检"制度。

46. 煤矿瓦斯爆炸应怎样进行应急处置？

（1）煤矿井下一旦发生瓦斯爆炸事故，要立即正确佩戴好自救器，按避灾路线到达最近的新鲜风流中，第一时间向矿调度室报告事故地点、现场灾难情况。

（2）安全撤离时要快速撤离，不要慌乱，尽量低行。

（3）如因灾难破坏了巷道中的避灾路线指示牌、迷失了行进的方向，撤退人员应朝着有风流通过的巷道方向撤退。

（4）在撤退途中听到爆炸声或感觉到有空气振动冲击波时，应立即背向声音和气浪传来的方向，脸向下迅速卧倒，双手置于身体下面，闭上眼睛，头部要尽量放低。

（5）在瓦斯爆炸事故中，永久避难硐室是遇险人员难以撤出灾区时，供遇险人员暂时避难待救的场所。

（6）发生瓦斯爆炸事故后，遇险人员无法迅速到达避难硐室时，应到附近掘进长度较长、有压风管路且瓦斯爆炸前正常通风但事故时断电停风的掘进独头巷道内避灾，等待矿山救护队救援。

（7）进入避难硐室前，应在硐室外留设文字、衣物、矿灯等明显标志，以便于救援人员实施救援。进入硐室后，开启压风自救系统，可有规律地、间断地敲击金属物、顶帮岩石，发出呼救联络信号。

47. 处置瓦斯爆炸事故有哪些注意事项？

（1）遇险人员佩戴自救器呼吸时不得取下口具和鼻夹，以防中毒。

（2）救援队员救援时必须佩戴呼吸器，必须侦查灾区有无火源，避免再次引发爆炸。

（3）救援队员进入灾区探险或救人时，要时刻检查氧气消耗量，保证有足够的氧气返回。

（4）抢险救援期间不得停止井下压风，以保证灾区人员呼吸。

（5）掘进工作面发生爆炸或火灾时，正在运转的局部通风机不可随意停止，已停运的局部通风机不得随意启动。

必须好好检查一下还有无火源。

火灾时不要改变局部通风机的运行状态。

48. 煤矿火灾事故有哪些类型？

煤矿井下为封闭空间，火灾产生的有毒有害气体会随风流扩散，扩大灾害范围。同时，井下空间狭窄，给灭火带来极大困难。因此，矿井火灾是煤矿重大灾害之一。矿井火灾按照发火原因的不同可分为内因火灾和外因火灾。

（1）内因火灾

内因火灾是由煤炭自燃引起的火灾。煤炭之所以能发生自燃，是因为煤炭具有吸收氧气的能力。当煤炭被破碎后或煤层本身裂隙发育时，煤体表面积大大增加，空气中的氧会与之发生氧化反应并放出一定的热量。如果氧化生成的热量不能及时被冷却，又会加速煤炭的氧化，放出更多的热量。这样恶性循环下去，一旦煤体温度达到其燃烧点，煤炭就会发生自燃。

（2）外因火灾

外因火灾是由外来火源引起的火灾。造成外因火灾的主要原因有：①由明火引起的矿井火灾。②电气故障引起矿井火灾。③井下违章爆破引起矿井火灾。④瓦斯、煤尘爆炸产生的高温也会引起矿井火灾。⑤撞击火花、摩擦生热等也会引起矿井火灾。

49. 发生矿井火灾后如何进行应急处置?

（1）在煤矿井下，发现烟雾或明火，确认发生了火灾，要立即报告。火灾初起时是灭火的最佳时机，如果火势不大，应立即进行直接灭火，切不可惊慌失措，四处奔跑。

（2）灭火时要有充足的水量，从火源外围逐渐向火源中心喷射水流；要保持正常通风，并要有畅通的回风通道，以便及时将高温气体和蒸汽排除；用水灭除电气设备火灾时，首先要切断电源。

（3）如果火势较大无法扑灭，要迅速戴好自救器，有组织地撤退。

（4）如果巷道已有烟雾但不大时，要戴好自救器或用湿毛巾捂住口、鼻，尽量躬身弯腰，低头快速前进；烟雾大时，应贴着巷道底和巷道壁，摸着铁道或管道快速爬出。

（5）在高温浓烟巷道中撤退时，应将衣服、毛巾打湿或向身上淋水进行降温，利用随身物品遮挡头面部，防止高温烟气刺激。

（6）如因灾害破坏了巷道中的避灾路线指示牌、迷失了行进的方向时，撤退人员应朝着有风流通过的巷道方向撤退。

（7）在唯一的出口被封堵无法撤退时，应在现场管理人员或有经验的老工人的带领下进行灾区避灾，以等待救援人员的营救。

50. 煤矿发生火灾事故后怎样进行现场救护？

（1）煤矿进风井口、井筒、井底车场、主要进风道和硐室发生火灾时，为抢救井下人员，应反风或风流短路。反风前，必须将原进风侧的人员撤出，并采取阻止火灾蔓延的措施。采取风流短路措施时，必须将受影响区域内的人员全部撤离。

（2）进风的下山巷道着火时，必须采取防止火风压造成风流紊乱和风流逆转的措施。改变通风系统和通风方式时，必须有利于控制火风压。灭火中只有在不使瓦斯很快积聚到爆炸危险浓度，且能使人员迅速退出危险区时，才能采取停止通风的方法。

（3）用水或注浆的方法灭火时，应将回风侧人员撤出。向火源大量灌水或从上部灌浆时，严禁在靠近火源的地点作业。用水快速淹没火区时，密闭附近不得有人。

（4）为使遇险人员能够在火灾紧急条件下迅速脱离危险，煤矿企业须做好以下准备：编制井下各工作点火灾逃生路线图，并培训井下职工熟悉井下火灾逃生路线和方案；井下工作人员必须携带自救器，并掌握其佩戴方法；井下每隔一定距离配备一定的突发性火灾灭火设备、通风和通信联络装备；调度室工作人员应掌握火灾应急逃生、救灾知识，以便接到火灾求助电话时能在第一时间向遇险人员提供正确的撤离方案指导。

51. 煤矿透水事故的主要原因是什么？

矿井水灾事故又叫做透水事故，其原因归纳起来主要有三个方面：一是自然因素，二是技术原因，三是人为因素。

（1）自然因素

我国大多数煤矿水文地质条件极为复杂，可预见的与不可预见的水文地质构造较多。特别是我国石炭纪地质年代生成的煤田，其煤系地层的底部是奥陶纪充水石灰岩，其厚度大、含水丰富、压力高，一旦透水，必造成恶性事故。

（2）技术原因

我国煤矿开采起源较早，但还是在中华人民共和国成立以后，才得到了迅速发展，煤矿整体技术水平不高。

（3）人为因素

人的行为是导致矿井发生水灾的重要原因之一。表现在：人们对水灾的认识程度不够；业务人员技术水平不高；经营者只顾眼前利益，乱采乱掘，忽视安全；从业人员以及管理人员不懂水害规律，不知透水预兆，有的即使发现了透水预兆，但存有侥幸心理，冒险作业等，这些都是造成矿井水灾事故的原因。

52. 发生煤矿透水事故后如何进行应急处置？

（1）井下一旦发生透水事故，要立即组织人员按避水路线安全撤离到新鲜风流中。撤离前，应设法将撤退的行动路线和目的地告知调度室，到达目的地后再报调度室。

（2）要特别注意"人往高处走"，切不可进入低于透水点附近下方的独头巷道。由于透水时，水流来势很猛，冲力很大，现场人员应立即避开出水口和泄水流，躲避到硐室内、巷道拐弯处或其他安全地点。如果情况紧急，来不及躲避时，可抓牢棚梁、棚腿或其他固定物，防止被水打倒或冲走。

（3）人员撤出透水区域后，应立即将防水闸门紧紧关死，以隔断水流。如巷道中照明和路标被破坏，应向有风流的上山方向撤退。在撤退沿途和所经过的巷道交叉口，应留设指示行进方向的明显标志。从立井梯子向上爬时，应有序进行，手要抓牢，脚要蹬稳。

（4）在唯一的出口被封堵无法撤退时，应在现场管理人员或有经验的老师傅的带领下进行避灾，等待救援人员的营救，严禁盲目潜水等冒险行为。

（5）当避灾处低于外部水位时，不得打开水管、压风管供风，以免水位上升。必要时，可设置挡墙或防护板，阻止涌水、煤矸和有害气体的侵入。避灾处外口应留衣物、矿灯等作标志，以便营救人员发现。

（6）重大水害的避难时间一般较长，应合理安排使用食物、矿灯等物品，保持静卧，采用各种方法与外部联系。

合理安排使用食物、矿灯等物品，等待救援……

53. 煤矿冒顶事故如何分类？怎样预防？

冒顶事故是指由地压引起巷道和采场的顶板垮落引发的事故。

按照顶板一次冒落的范围及造成伤亡的严重程度，常见顶板事故可分为两大类：大冒顶和局部冒顶事故。在井下冒顶事故中，回采工作面冒顶事故最多（占冒顶总数的75%以上）。

冒顶事故是煤矿生产中最常见的一种事故，它不仅发生率高，而且危害性大，但有针对性地采取措施，加强顶板的科学管理，绝大多数冒顶事故是可以预防的，因此，作业人员在煤矿生产中，一定要坚持执行必要的制度，如岗位责任制度、敲帮问顶制度、验收支架制度、金属支架检查制度、交接班制度、顶板分析制度等，注意做好顶板管理工作，以防止和减少冒顶事故的发生。

54. 发生冒顶事故后应如何进行应急处置？

（1）冒顶事故的发生一般是有预兆的，井下人员发现冒顶预兆，应立即进入安全地点避灾。如来不及进入安全地点，要靠煤壁贴身站立（但应防止片帮），或到木垛处避灾。

（2）发生冒顶事故后，要根据现场情况，判断冒顶事故发生的地点、灾情、原因、影响区域，进行现场处置。如无第二次大面积顶板动力现象时，应立即组织对受困人员进行施救，防止事故扩大。

（3）现场救援人员必须在保证巷道通风、后路畅通、现场顶帮维护好的情况下方可施救，施救过程中必须安排专人进行顶板观察、监护。当出现大面积来压等异常情况或通风不良、瓦斯浓度急剧上升有爆炸危险时，必须立即撤到安全地点，等待救援。

（4）一旦被堵，应沉着冷静，同时维护好冒落处和避灾处的支护，防止冒顶进一步扩大，并有规律地向外发出呼救信号，但不能敲打威胁自身安全的物料和岩石，更不能在条件不允许的情况下强行挣扎脱险。若被困时间较长，则应减少体力消耗，节水、节食和节约矿灯用电。若有压风管，应用压风管供风，做好长时间避灾的准备。

（5）抢救被煤和矸石埋压的人员时，要首先加固冒顶地点周围的支架，确保抢救中不再次冒落，并预留好安全退路，保证营救人员自身安全，然后采取措施。救出遇险人员时，要首先清理其口鼻堵塞物，使呼吸系统畅通。

（6）应根据现场实际情况开展救助工作，轻伤者应现场对其进行包扎，并抬放到安全地带；骨折人员不要轻易挪动，要先采取固定措施；出血伤员要先止血，等待救援人员的到来。

（7）发生冒顶事故后，抢救人员时，应用呼喊、敲击或采用生命探测仪探测等方法，判断遇险人员位置，与遇险人员保持联系，鼓励他们配合抢救工作。一时无法接近时，应设法利用压风管路等提供新鲜空气、饮料和食物。

（8）处理冒顶事故中，应指定专人检查瓦斯和观察顶板情况，发现异常，立即撤出人员。

第五章 冶金生产意外伤害与救治

55. 冶金企业事故有哪些特点？

冶金生产过程中的主要事故类型为煤气中毒，火灾和爆炸，高温液体喷溅、溢出和泄漏，电缆隧道火灾，煤粉爆炸等。

冶金行业企业规模大、人员众多，管理难度较大，易发生人员伤亡的重大安全事故，具有与其他行业明显不同的特点。

煤气中毒　　　火灾和爆炸　　　高温液体喷溅

高温液体溢出和泄漏　　电缆隧道火灾　　煤粉爆炸

56. 冶金企业生产中存在的主要职业危害有哪些？

冶金工业生产中主要职业危害因素是高温、强辐射热、粉尘、一氧化碳（煤气）中毒和噪声等。

（1）高温和强辐射热

冶金生产中，加工烧结、炼焦、炼铁、炼钢、轧钢等多个工序都属高温作业，易发生人员中暑；灼热的物体辐射出的大量红外线，易引起职业性白内障。

（2）粉尘危害

在矿石生产加工中，从井下开采、运输、破碎到选矿、混料、烧结等环节都有很高浓度的粉尘，在耐火材料加工、炼焦、炼钢的过程中亦有大量粉尘产生，长期接触会发生尘肺病。

（3）一氧化碳中毒

煤气中一氧化碳含量为30%左右，在接触煤气的岗位，如不注意防护，可能发生一氧化碳中毒事故。

（4）其他伤害

由于接触火焰、钢水、钢渣、钢锭的机会较多，容易发生烧灼伤；接触高温辐射的作业人员易发生火激红斑、色素沉着、毛囊炎及皮肤化脓等疾患。

57. 冶金企业发生煤气泄漏应如何处置?

钢铁冶炼过程中会产生多种副产品煤气,由于煤气中含有大量易燃易爆、有毒有害物质,在生产、运输、储存和使用过程中,存在中毒、火灾和爆炸危险。

发生煤气泄漏时应按以下方法进行应急处置:

(1) 关闭送气阀

事发单位发现煤气泄漏,立即报告,操作人员按规程关闭送气阀门,打开紧急阀门进行减压。

关闭送气阀

空气稀释

(2) 空气稀释

强制向泄漏区排风,疏散泄漏区煤气。

(3) 检查抢修

工程抢险人员必须佩戴好防毒面罩,进入现场详细检查,找出原因;抢险抢修人员在安全的前提下,迅速开展对泄漏点的抢修堵漏工作。

煤气泄漏较严重时,应迅速设立警戒线,严禁无关人员及车辆通过,查禁所有明暗火源,对处在危险区域内的所有人员进行紧急疏散。

检查抢修

58. 冶金企业发生煤气中毒事故时应如何处置？

（1）进入泄漏区的人员必须佩戴一氧化碳报警仪、氧气呼吸器。

（2）设置隔离区并进行监护，防止其他人员进入煤气泄漏的区域。

（3）抢救人员要尽快让中毒人员离开中毒环境，并尽量让中毒人员静卧，避免活动后加重心肺负担及增加氧的消耗量。

（4）事故现场杜绝任何火源。

（5）搜索后，要对在岗人员及参加抢险的人员进行人数清点，在人数不符的情况下搜救工作不能终止，直到点清全部人员。

（6）对泄漏点周围地点逐个进行搜索，特别是死角、夹道等不易引起注意的地方进行全面搜索。

（7）应对警戒区域内的煤气含量进行检测，超过规定标准时警戒区不能撤销。

59. 冶金企业煤气泄漏引发火灾、爆炸时应如何处置？

（1）煤气轻微泄漏引起着火，可用湿泥、湿麻袋堵住着火部位，进行扑救和灭火，火焰熄灭后再按有关规定补好泄漏处。

（2）直径小于100毫米的煤气管道着火时，可直接关闭阀门，切断气源灭火。

（3）直径大于100毫米的煤气管道或煤气设备着火时，应向管道或设备内通入大量蒸汽或氮气，同时降低煤气压力，缓慢关小阀门但压力不得小于100帕，以防止回火引起爆炸，使事故扩大，待火焰熄灭后再彻底关闭阀门。

（4）煤气管道或设备被烧红，不得用水骤然冷却，以防管道或设备变形断裂。

（5）当管道法兰、补偿器、阀门等处着火时，如果火势较小，应戴好呼吸器，用就近灭火器灭火；如果火势较大，灭火器不能使火熄灭，可用消防水冷却设备，同时向系统内通入蒸汽或氮气，逐渐关闭阀门，待火焰熄灭后彻底切断气源灭火。

（6）当火灾发生时，事发危险区域要将警戒线扩大至300～500米范围，防止他人误入危险区，事故隐患未彻底消除，安全警戒不得解除。

（7）当发生煤气爆炸事故，在未查明事故原因和采取必要安全措施前，不得向煤气设施复送煤气。

67. 冶金企业发生高温液体意外伤害时应如何进行应急处置？

高温液体发生喷溅、溢出或泄漏时除了可能直接对人员造成灼烫伤害外，还潜藏着发生爆炸的严重危害，并可能诱发其他二次伤害或事故，给企业造成巨大损失。

（1）发生高温液体喷溅时采取的应急处置

1）人员身上着火时，严禁奔跑，要跳入浅水池中或就地打滚，相邻人员要帮助灭火。

2）心跳、呼吸停止者，应立即进行心肺复苏。

3）面部、颈部深度烧伤及出现呼吸困难者，应迅速送往医院抢救。

4）非化学物质的烧伤创面，不可用水淋，创面水泡不要弄破，以免创面感染。

5）用清洁纱布等盖住创面，以免感染。

6）如伤员口渴，可饮用盐水，不可喝生水及大量白开水，以免引起脑水肿及肺水肿。

7）严重灼伤者，争取在休克出现之前，迅速送医院医治。

（2）发生高温液体溢出、泄漏可采取的应急处置

1）凡发生高温液体溢出，应立即停止作业。危险区内严禁有人。

2）发生漏铁、漏钢事故时，要将剩余铁、钢水倒入备用罐。

3）高温液体溢出地面遇有乙炔瓶、氧气瓶等易燃易爆物品时，如不能及时搬走，要采取降温措施。

4）溢出、泄漏地面的铁水、钢水在未冷却之前，不能用水扑救，避免引起爆炸。

5）高温液体溢出或泄漏引起火灾时，不能用水扑救，一般采用干粉灭火器灭火。

6）一旦发生火灾爆炸等二次事故时应立即设置警戒区，禁止人员进入。

61. 冶金企业发生火灾爆炸意外伤害应如何进行应急处置？

（1）指定专人维护事故现场秩序，阻止无关人员进入事故现场，严防二次伤害，指导救援人员进入事故现场。

（2）根据实际需要，立即对受伤人员实施现场救护，如心肺复苏、外伤包扎等，同时应迅速联系专业救护。

（3）及时收集现场人员位置、数量信息，准确统计伤亡情况，防止人员被遗漏。

（4）及时切断与运行设备的联系，保证其他设备的安全运行。如果是在有压力容器的部位发生火灾，要及时隔离，严防引发压力容器爆炸事故。

你快断电，我去关气阀！

(5)确定事故状态对周边相关动力管网的影响情况,采取安全防范措施。

(6)转移易燃易爆等危险品,严防转移过程中对救援人员造成伤害。

第六章 化工企业意外伤害与应急处置

62. 化工企业生产的主要特点有哪些？

（1）生产原料特殊性

化工企业生产使用的原材料、半成品和成品，种类繁多，并且绝大部分是易燃易爆、有毒有害、腐蚀性的危险化学品。

（2）生产过程危险性

在化工生产过程中稍有不慎，就容易发生有毒有害气体泄漏、爆炸、火灾等事故，酿成巨大的灾难。

（3）生产设备设施复杂性

化工企业的压力容器分布很广，生产过程复杂，生产设备设施也比较复杂。大量设备设施的应用，减轻了操作人员的劳动强度，提高了生产效率，但是设备设施一旦失控，就会造成各种事故。

（4）生产方式严密性

目前的化工生产方式，生产设备由敞开式变为密闭式；生产装置从室内走向露天；生产操作由分散控制变为集中控制，同时也由人工手动操作变为仪表自动操作，进而发展为计算机控制。这就进一步要求安全措施严格周密，不能有丝毫的马虎大意，否则就会导致事故的发生。

63. 扑救危险化学品火灾的一般对策是什么？

（1）在火灾尚未扩大到不可控制之前，应尽快用灭火器控制火灾。迅速关闭火灾部位的上下游阀门，切断进入火灾事故地点的一切物料，然后立即启用现有各种消防装备扑灭初起火灾和控制火源。

（2）对周围设施采取保护措施。为防止火灾危及相邻设施，必须及时采取冷却保护措施，并迅速疏散受火势威胁的物资。对可能造成的易燃液体外流，要用拦截、导流或封堵的办法阻止，防止火焰蔓延。

（3）扑救危险化学品火灾绝不可盲目行动，应针对每一类化学品，选择正确的灭火剂和灭火方法。必要时采取堵漏或隔离措施，预防次生灾害扩大。当火势被控制以后，仍然要派人监护，清理现场，消灭余火。

赶紧关闭火灾部位的上下游阀门！

发现余火……

64. 发生化学性眼灼伤时，如何急救？

酸、碱等化学物质溅入眼部引起损伤，其程度和预后决定于化学物质的性质、浓度、渗透力，以及化学物质与眼部接触的时间。常见的有硫酸、硝酸、氨水、氢氧化钾、氢氧化钠等，碱性化学品的毒性较大。

急救措施：

（1）发生化学性眼灼伤，应立即彻底冲洗

现场可用自来水冲洗，冲洗时间要充分，需半小时左右。如无水龙头，可把头浸入盛有清洁水的盆内，翻开上下眼睑，眼球在水中轻轻左右摆动，然后再送医院治疗。

（2）用生理盐水冲洗，以去除和稀释化学物质

冲洗时，应注意穹窿部结膜，是否有固体化学物质残留，并去除坏死组织。如果是石灰和电石颗粒，应先用植物油棉签清除，再用水冲洗。

65. 发生化学性皮肤灼伤时，如何急救？

（1）迅速移离现场，脱去被污染的衣服，立即用大量流动清水冲洗20～30分钟。碱性物质污染后冲洗时间应延长，特别注意眼及其他特殊部位，如头、面、手、会阴的冲洗，灼伤创面经水冲洗后，必要时进行合理的中和治疗，例如，氢氟酸灼伤，经水冲洗后，需及时用钙、镁制剂局部中和和治疗，必要时静脉注射葡萄糖酸钙。

（2）化学灼伤创面应彻底清创、剪去水疱、清除坏死组织。深度创面应立即或早期进行削（切）痂植皮及延迟植皮。例如，黄磷灼伤后应及早切痂，防止磷吸收中毒。

（3）对有些化学物灼伤，如氰化物、酚类、氯化钡、氢氟酸等在冲洗时应进行适当解毒急救处理。

（4）化学灼伤合并休克时，冲洗从速、从简，积极进行抗休克治疗。

（5）积极防治感染、合理使用抗生素。

66. 发生酸灼伤时，如何急救？

酸灼伤大多由硫酸、硝酸、盐酸引起。此外，还能由铬酸、高氯酸、氯磺酸、磷酸等无机酸和乙酸、冰醋酸等有机酸引起。液态时会导致皮肤灼伤，气态时吸入可造成呼吸道的吸入性损伤。灼伤的程度与皮肤接触酸的浓度、范围以及伤后是否及时用大量流动水冲洗有关。

急救措施：

（1）迅速脱去或剪去被污染的衣物，立即用大量流动清水冲洗创面，冲洗20～30分钟。硫酸灼伤要用大量水快速冲洗，这样既能稀释酸，又能使热量随之消散。

眼接触

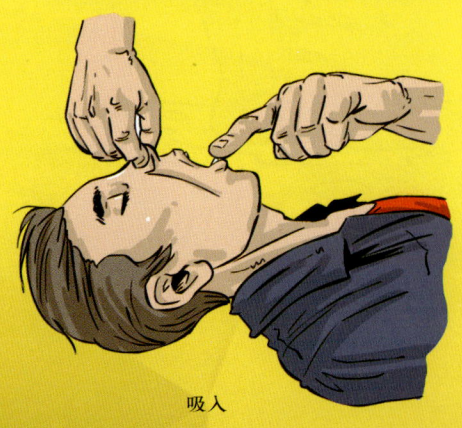

吸入

（2）中和治疗。冲洗后以5%碳酸氢钠液湿敷，中和后再用水冲洗，以防止酸进一步渗入。

（3）清创。去除水疱，以防酸液残留而继续作用。

（4）创面一般采用暴露疗法或外涂1%磺胺嘧啶银冷霜。

（5）头、面部化学灼伤时要注意眼、呼吸道的情况，如发生眼灼伤，应首先彻底冲洗。如有酸雾吸入，注意化学性肺水肿的发生。

第七章 机械制造意外伤害与应急处置

67. 机械设备的主要危害有哪些？

（1）机械性危害

其主要包括挤压、碾压、剪切、切割、碰撞、跌落、缠绕、卷入、戳扎、刺伤、摩擦、磨损、物体打击、高压流体喷射等。

（2）非机械性危害

主要包括电流、高温、高压、噪声、振动、电磁辐射等产生的危害；因加工、使用各种危险材料和物质（如燃烧爆炸、毒物、腐蚀品、粉尘及微生物、细菌、病毒等）产生的危害；还包括因忽略安全人机学原理而产生的危害等。

68. 金属切削加工常见机械伤害有哪些？

（1）挤压

如压力机的冲头下落时，对手部造成挤压伤害；人手也可能在螺旋输送机、塑料注射成型机中受到挤压伤害。

（2）咬合

典型的咬合点是啮合的齿轮、传送带与带轮、链与链轮、两个相反方向转动的轧辊。

（3）碰撞和撞击

一种是人受到运动着的刨床部件的碰撞；另一种是飞来物撞击造成的伤害。

（4）剪切

这种事故常发生在剪板机、切纸机上。

（5）卡住或缠住

运动部件上的凸出物、传动带接头、车床的转轴、加工件等都能将人的手套、衣袖、头发甚至工作服口袋中擦拭机械用的棉纱缠住而对人造成严重伤害。

需要注意的是，一种机械可能同时存在几种危险，即可同时造成几种形式的伤害。

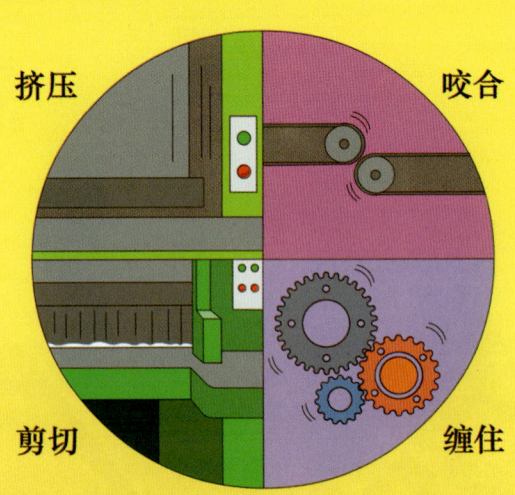

69. 操作机械设备发生事故的原因有哪些？

（1）机械设备安全设施缺损，如机械传动部位无防护罩等。造成这种情况，可能是无专人负责保养，也可能是无定期检查、检修、保养制度。

（2）生产过程中防护不周。如车床加工较长的棒料时，未用托架。设备位置布置不当，如设备布置得太挤，造成通道狭窄，原材料乱堆乱放，阻塞通道。

（3）未正确使用劳动防护用品。

（4）没有严格执行安全操作规程，或者安全操作规程不完整。

（5）没有对作业人员进行安全教育，不懂安全基本知识。

70. 机械加工中的职业病危害因素防护措施有哪些？

（1）合理布局

在车间布局上，要考虑减少职业病危害交叉污染。

（2）防尘

铸造时应尽量选用游离二氧化硅含量低的型砂，并减少手工造型和清砂作业。做好个人防护，佩戴符合国家相关标准的防尘口罩。

（3）防毒

对热处理和金属熔炼过程中有可能产生化学毒物的设备，应采取密闭措施或安装局部通风排毒装置。对某些特殊的淬火、涂装和使用胶黏剂岗位，应制定急性职业中毒事故应急救援预案，设置警示标志，配备防毒面具或防毒口罩等。

（4）噪声控制

噪声控制主要包括对铸造、锻造中的气锤、空压机，以及机械加工的打磨、抛光、冲压、剪板、切割等高强度噪声设备的治理。进入噪声强度超过85分贝的工作场所应佩戴防噪声耳塞或耳罩。

（5）振动控制

对铆接、锻压机、型砂捣固机、落砂、清砂等振动设备应采取减振措施或实行轮岗操作。

（6）射频防护

应选择合适的屏蔽防护材料，对产生高频、微波等射频辐射的设备进行屏蔽，或者进行距离防护和时间控制。

（7）防暑降温

应做好铸造、锻造、热处理等高温作业人员的防暑降温工作。宜采取工程技术、卫生保健和劳动组织管理等多方面的综合措施，如合理布置热源、供应清凉含盐饮料、轮换作业、在集控室和操作室设置空调等。

71. 机械伤害事故的应急处置与救治措施有哪些？

机械制造企业最为常见的事故是机械伤害，发生人员伤害后，一定要沉着冷静，不要慌乱。

（1）发生事故后的应急处置与救治

伤害事故发生后，要立即停止现场活动，将伤员放置于平坦的地方，现场有救护经验的人员应立即对伤员的伤势进行检查，然后有针对性地进行紧急救护。

在进行现场处理后，应根据伤员的伤情和现场条件迅速转送伤员。搬运不当，可能使伤情加重，所以转送伤员时要十分注意。

（2）现场创伤止血的应急救护

可用现场物品如毛巾、纱布、工作服等立即采取止血措施。如果创伤部位有异物不要随便将异物拔掉，应由医生来检查、处理，以免伤及内脏及较大血管，造成大出血。

（3）现场骨折的应急救护

对骨折处理的基本原则是尽量不让骨折肢体活动。因此，要利用一切可利用的条件，及时、正确地对骨折做好临时固定。

72. 起重伤害事故发生的原因及应急处置有哪些？

（1）起重伤害事故发生的原因

1）挂吊人员未严格遵守起重作业安全规程，违章冒险作业。

2）安全装置不完善，行车机械、电气故障频繁。

3）行车司机操作技能欠佳，责任心不强，注意力不集中。

4）指挥信号不标准，上下配合不协调。

5）工作前未对行车及吊具进行安全检查。

6）料场库存量严重超量，堆码不齐，堆码超高。

7）包装不牢固。

除此之外，还有误操作事故、起重机之间的相互碰撞事故、安全装置失效事故以及野蛮操作等原因导致的事故。

（2）起重伤害发生后的应急处置

1）发现有人受伤后，必须立即停止起重作业，向周围人员呼救，及时拨打"120"急救电话。报警时，应说明受伤人员的受伤部位和受伤情况，发生事件的区域或场所，以便让救护人员事先做好急救的准备。

2）现场人员应对受伤人员进行现场包扎、止血，防止受伤人员流血过多造成死亡事故，快速送往医院救治。

3）受伤人员出现肢体骨折时，应尽量保持受伤的体位，由现场医务人员对伤肢进行固定，并在其指导下采用正确的方式进行抬运，防止因救助方法不当导致伤情进一步加重。

4）受伤人员出现呼吸、心跳停止症状后，必须立即进行心肺复苏。

第八章 道路交通意外伤害与应急处置

73. 发生道路交通事故，在什么情况之下当事人应当保护现场并立即报警？

（1）造成人员死亡、受伤的。

（2）发生财产损失事故，当事人对事实或者成因有争议的，以及虽然对事实或者成因无争议，但协商损害赔偿未达成协议的。

（3）机动车无号牌、无检验合格标志、无保险标志的。

（4）载运爆炸物品、易燃易爆化学物品以及毒害性、放射性、腐蚀性、传染病病原体等危险物品车辆的。

（5）碰撞建筑物、公共设施或者其他设施的。

（6）驾驶人无有效机动车驾驶证的。

（7）驾驶人有饮酒、服用国家管制的精神药品或者麻醉药品嫌疑的。

（8）当事人不能自行移动车辆的。

我撞坏了公共设施，已保护好现场。请你们尽快来现场处理。

74. 道路交通事故报警电话是什么？报警时应描述的内容有什么？

全国道路交通事故的报警电话是"112"或"110"。

报警时，应清楚地描述以下内容：

（1）报警方式、报警时间、报警人姓名、联系方式，电话报警的，还应当记录报警电话。

（2）发生道路交通事故时间、地点。

（3）人员伤亡情况。

（4）车辆类型、车辆牌号，是否载有危险物品、危险物品的种类等。

（5）涉嫌交通肇事逃逸的，还应当询问并记录肇事车辆的车型、颜色、特征及其逃逸方向、逃逸驾驶人的体貌特征等有关情况。

75. 车祸现场的急救措施有哪些？

发生车祸后，除了确保伤者安全外，应立即拨打"122"报警电话，无论伤者受伤程度如何，均需尽快送医就诊。

（1）请求支援

无法自行处理时，一定要及时联络救护。原则上尽量不要移动伤者，但若出事地点太危险，则需找人帮忙，小心地将伤者搬移至安全地点。应利用三角板警示标志提醒后方来车，防止引发其他车祸。

（2）自检、自救与互救

1）最重要的是要沉着应对，首先要检查伤者意识及呼吸、脉搏。

2）千万不要扭曲伤者身体，因为车祸时常伤及颈骨及神经，扭曲伤者身体更是致命的动作。

3）对垂危病人及心跳停止者，需立即进行心肺复苏。

4）对意识丧失者用手帕、手指清除伤员口鼻中的泥土、杂物、呕吐物及分泌物。将伤员放置在侧卧位或俯卧位，以防窒息。

5）对出血多者立即进行加压止血包扎，紧急时可用干净手帕、衬衣等将伤口紧紧压住、包扎。动脉出血不止时，如在四肢，可在伤口上方 10 厘米处扎止血带。

6）对骨折脱臼者要就地取材，用木棍、木板、竹片、布条等固定骨折肢体。